向自然学习

神奇的仿生学发明

[美] 克里斯汀 · 诺德斯特龙 / 文
[英] 保罗 · 波士顿 / 图
文娟 / 译

广州新华出版发行集团
广州出版社

翠鸟从空中扎入水里捉鱼时，怎么连一点水花都没溅起？

鲸鱼的胸鳍为什么是凹凸不平的？

枫树的种子掉落时，为什么会旋转？

壁虎是如何在墙壁上爬行的？

仿生发明家想了解大自然是如何运行的，于是他们去研究动物、植物和真菌等生物，并模仿生物的优越特点来进行发明和创造。

你能从生物世界里观察和学习到什么呢？你能把从生物身上学习到的知识运用到发明创造中吗？让我们像仿生发明家一样去探索吧！

带“喙”的子弹头列车

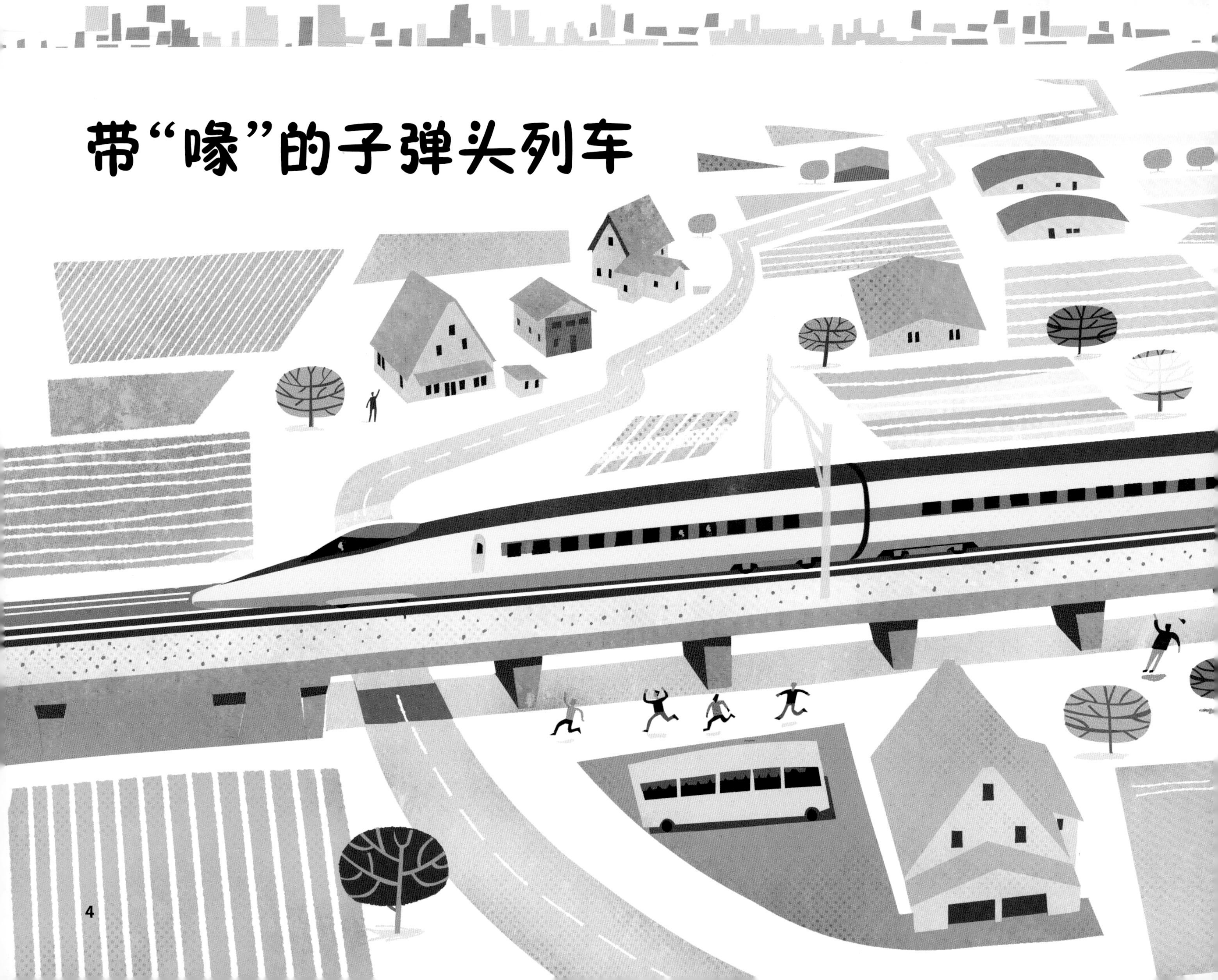

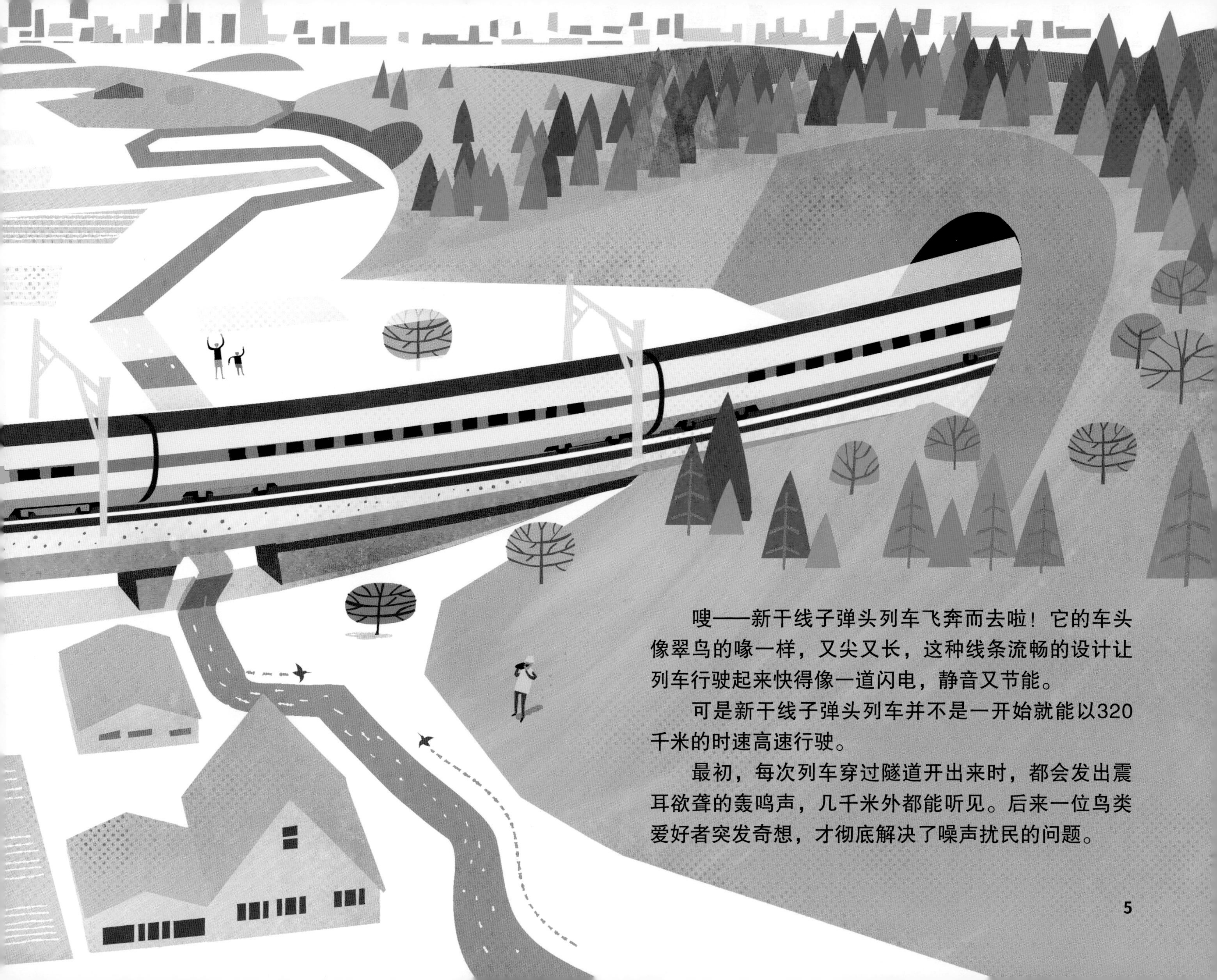

嗖——新干线子弹头列车飞奔而去啦！它的车头像翠鸟的喙一样，又尖又长，这种线条流畅的设计让列车行驶起来快得像一道闪电，静音又节能。

可是新干线子弹头列车并不是一开始就能以320千米的时速高速行驶。

最初，每次列车穿过隧道开出来时，都会发出震耳欲聋的轰鸣声，几千米外都能听见。后来一位鸟类爱好者突发奇想，才彻底解决了噪声扰民的问题。

中津英治就是这位鸟类爱好者。有一次，他观察到一只翠鸟从空中像箭一般扎入水中。这个勇敢的“跳水员”是怎么做到入水那一刻几乎连一点水花都没溅起的？中津英治发现，翠鸟长长的尖喙能让空气和水流顺畅地向后流动。

受到翠鸟的启发，中津英治重新设计了新干线列车。他把车头设计成翠鸟喙的形状，尖尖长长的。这种流线型设计大大减少了列车的噪声，提高了行驶的速度，也降低了能耗。

树叶点亮了生活

这种闪闪发光的太阳能电池具有超强的能力。像所有的太阳能电池一样，它接收阳光的照射，并转化成电能。但是和屋顶上又硬又平的太阳能板不同，它可以弯曲，重量轻，还比同等尺寸的平板太阳能电池接收的光更多。这是因为它是仿照地球上最好的天然捕光者——树叶而设计的。这个模仿树叶的巧妙设计是谁想出来的呢？

卢月玲就是这个设计的发明者。她在显微镜下观察一片叶子时，看到叶面上布满了深深浅浅的叶脉。叶脉为什么会长成这样呢？卢月玲和她的团队一起研究发现，叶脉有两种作用：接收阳光，并像河道引导水流一样引导光线。深浅不一的叶脉有助于接收更多的光。植物接收的阳光越多，通过光合作用产生的营养物质就越多。

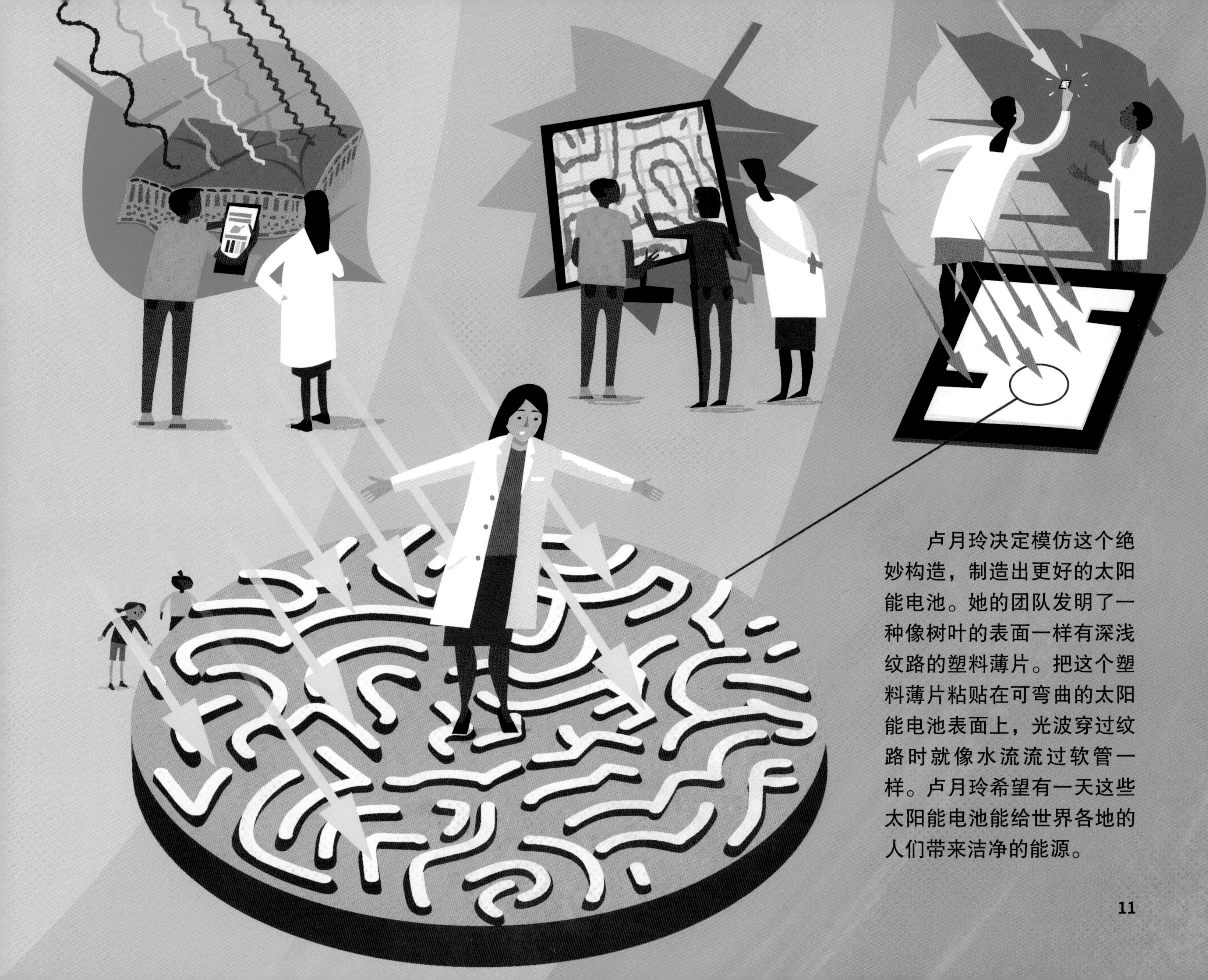

卢月玲决定模仿这个绝妙构造，制造出更好的太阳能电池。她的团队发明了一种像树叶的表面一样有深浅纹路的塑料薄片。把这个塑料薄片粘贴在可弯曲的太阳能电池表面上，光波穿过纹路时就像水流流过软管一样。卢月玲希望有一天这些太阳能电池能给世界各地的人们带来洁净的能源。

鲨鱼不需要洗澡

鲨纹是一种物理抗菌技术，表现为在物体表面生成一种薄膜，可以使船只、潜艇等的外壳保持一尘不染。在医疗设备、手机外壳和其他日用品上贴上一层这种薄膜，就可以防止细菌生长。

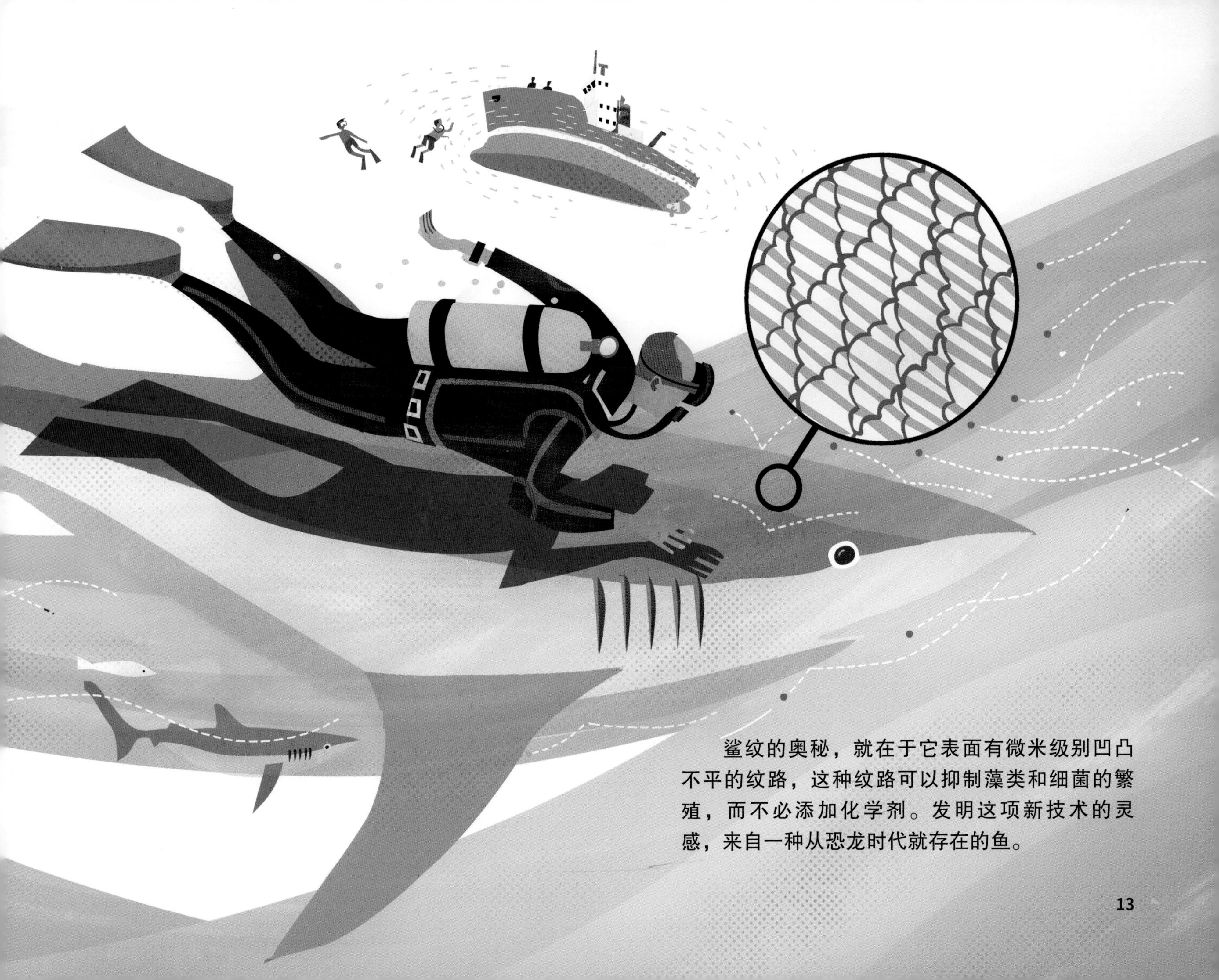

鲨纹的奥秘，就在于它表面有微米级别凹凸不平的纹路，这种纹路可以抑制藻类和细菌的繁殖，而不必添加化学剂。发明这项新技术的灵感，来自一种从恐龙时代就存在的鱼。

托尼·布伦南有一次观看了一艘核潜艇浮出海面的过程。它有七辆校车（约六七十米）那么长，浑身覆盖着一层黏糊糊的绿藻。要花好几个小时用大量的水擦洗，才能让潜艇光洁如新。托尼觉得应该有更好的办法解决这个问题。就在这时，他脑子里突然闪过一个念头：鲨鱼！那些鲨鱼日夜在海水中游动，它们身上怎么还能保持得这么干净？

在高倍显微镜下，托尼发现鲨鱼皮肤并不像看上去那样光滑。鲨鱼皮肤上布满了微小的V形齿状物。这些齿状物像砂纸一样粗糙，表面有突起，可以保持水的流动，防止细菌的生长。受到鲨鱼皮肤的启发，托尼发明了一种涂层，将其命名为“鲨纹”。

像甲虫一样喝水

被称为“露水储存器”的设备可以在晨雾中收集饮用水。晚上，把这个钢瓶放在外面冷却。

当水滴达到一定量时，就会滚落到外壳的凹槽里，然后流进蓄水器里。啊，多么清甜的水啊！

当太阳升起时，温暖的空气碰上了冰冷的瓶子。空气中的水汽凝结形成露水，附着在瓶子外壳凸起的地方。

朴基泰12岁时，看了一部关于纳米布沙漠甲虫的自然纪录片，他惊奇地发现一只昆虫翘起屁股，在晨雾中收集水。这种生物在沙漠中找到了一种神奇的饮水方法。

20年后，与那只昆虫有关的记忆，重新出现在朴基泰的脑海里。他还记得水滴是如何附着在甲虫背上的凹槽里，然后汇成水流流入它的嘴里。朴基泰决定模仿甲虫的外形，发明一种集水器。他不需要去想出多么完美的设计，因为大自然已经有了最完美的方案。

我们身边有益的真菌

这种水稻生长在炎热、干燥、盐化的土壤中，太不可思议了。水稻是怎么活下来的呢？

如果用显微镜观察，你可以发现寄生在水稻植株内部的真菌。这种真菌使水稻生长得很茁壮。然而，这种水稻并不是一开始就有真菌的。

罗德里格斯和雷德曼

这一切始于一场与一种植物有关的争论。有一种草生长在美国黄石国家公园沸腾的泉水池边，植物学家确信，这种草为了抵御高温的环境，身体中的基因已经发生了改变。但是，有两位微生物学家却不认同这种观点。这两位生物学家名叫鲁斯蒂·罗德里格斯和雷吉娜·雷德曼，他们研究的是小到肉眼都看不见的微生物。他们有种预感，这个谜团并没这么简单。

他们在怀俄明州的野外研究多年，发现这种草之所以能够在高温下存活，是因为它体内有一种真菌。草和真菌形成了共生关系，它们就像好朋友一样互帮互助，共同抵御高温。

罗德里格斯和雷德曼通过这个发现，发明了一种名叫“生物安全”的微生物产品，那是一种含有真菌的液体。经过这种有益的真菌液体处理过的种子，可以在恶劣的环境下生长，而无须使用有害化学品。

从鲸鱼鳍到扇叶

涡轮机上波状的叶片有助于产生洁净的能源。当风吹在叶片上时，涡轮机旋转并将风能转化为电能。有了电，灯才会亮，冰箱才能制冷，电脑才能启动和运行。

这种叶片的前缘虽然呈波状，但它们转动起来很顺畅。它们比平直的叶片噪声更小，效能更高。一些研究甚至表明，使用这种叶片产生的能源会更多。那么，这些叶片的波状前缘是怎么来的呢？

弗兰克·菲什站在美术馆里，盯着一座座头鲸雕塑，感觉似乎有点不对劲。他用手指抚摸着座头鲸一只弯曲的鳍，问美术馆老板为什么雕塑家要把鳍的前缘做得这么凹凸不平。

老板给他看了一张实拍的座头鲸的照片，让弗兰克惊讶的是，那只座头鲸的胸鳍前缘确实是凹凸不平、长着突起的鳞片的。为什么会有这些鳞片呢？

弗兰克发现波状前缘有利于水流顺畅地流过鲸鳍，这使一头大鲸鱼能够急转弯。弗兰克想，能否用这个原理设计一款新型的涡轮机叶片呢？经过多次尝试，他发明了一种又大又漂亮的叶片，这些叶片在空气中转动时，就像鲸鱼的鳍在水中划动一样。

枫树种子和飞行器

退后！一架“萨马莱”飞行器即将着陆。这架飞行器的单翼是仿照神奇的枫树种子设计的，其中还添加了一些特殊的装置。它的顶端有一个推进器，机翼后面有一个襟翼。这些额外的装置能让飞行器悬停在适当的位置。是谁发明了这神奇的飞行器呢？

金斯利·弗雷金在尼日尔河岸边长大。在他还是个小男孩的时候，就迷上了飞行。他经常折纸飞机，为太阳鸟掠过天际而惊叹。

多年后，金斯利成为一名工程师。他潜心研究蜂鸟如何飞翔，以及被称为翅果的枫树种子如何在微风中飘荡。一粒枫树种子从树上落下来时，会在空中旋转。它的果翼不停地转啊转，可以帮助它在空中停留得更久，飞得更远，并降落在一个阳光充足的地方生长。

金斯利模仿枫树种子的绝妙结构，与他的团队一起发明了一架单翼无人机，并将其命名为“萨马莱”。

现在，金斯利和其他工程师正在研究昆虫、鸟类和鱼类等动物是如何集体行动的。如果他们能让许多飞行器一起飞行，像这些动物集体行动一样互相借力，就能减少每台飞行器的能源损耗。

壁虎的黏附把戏

“壁虎皮肤”技术很容易让人理解。“壁虎皮肤”黏性材料承重力极强，手掌大的一块就能把一辆摩托车固定在墙上。

这种材料由两部分组成：一部分是用软质弹性体做的衬垫，类似于黏性胶带；另一部分是模拟壁虎脚趾皮肤的刚性织物，可以牢牢地附着在物体表面。如果你用力拖动黏性衬垫，它不会移动，但如果你用壁虎移开脚的方式揭下它，就易如反掌。

邓肯·伊尔斯切科和艾尔弗雷德·克罗斯比看着壁虎爬上墙壁，悠闲地在天花板上漫步。他们想弄明白这只壁虎的黏附把戏。在高倍显微镜下，他们观察到壁虎的脚趾上覆盖着成千上万根细小的绒毛，这些绒毛被称为刚毛。

通过多次实验，邓肯和艾尔弗雷德发现了壁虎脚部刚毛与肌腱之间的协作关系：刚毛可以使壁虎的脚掌牢牢抓住墙壁，肌腱是像超强的橡皮筋一样的组织，非常灵活，这有助于壁虎的脚趾贴在物体表面；肌腱本身又很硬，便可协助刚毛把脚趾牢牢地吸附在物体表面。

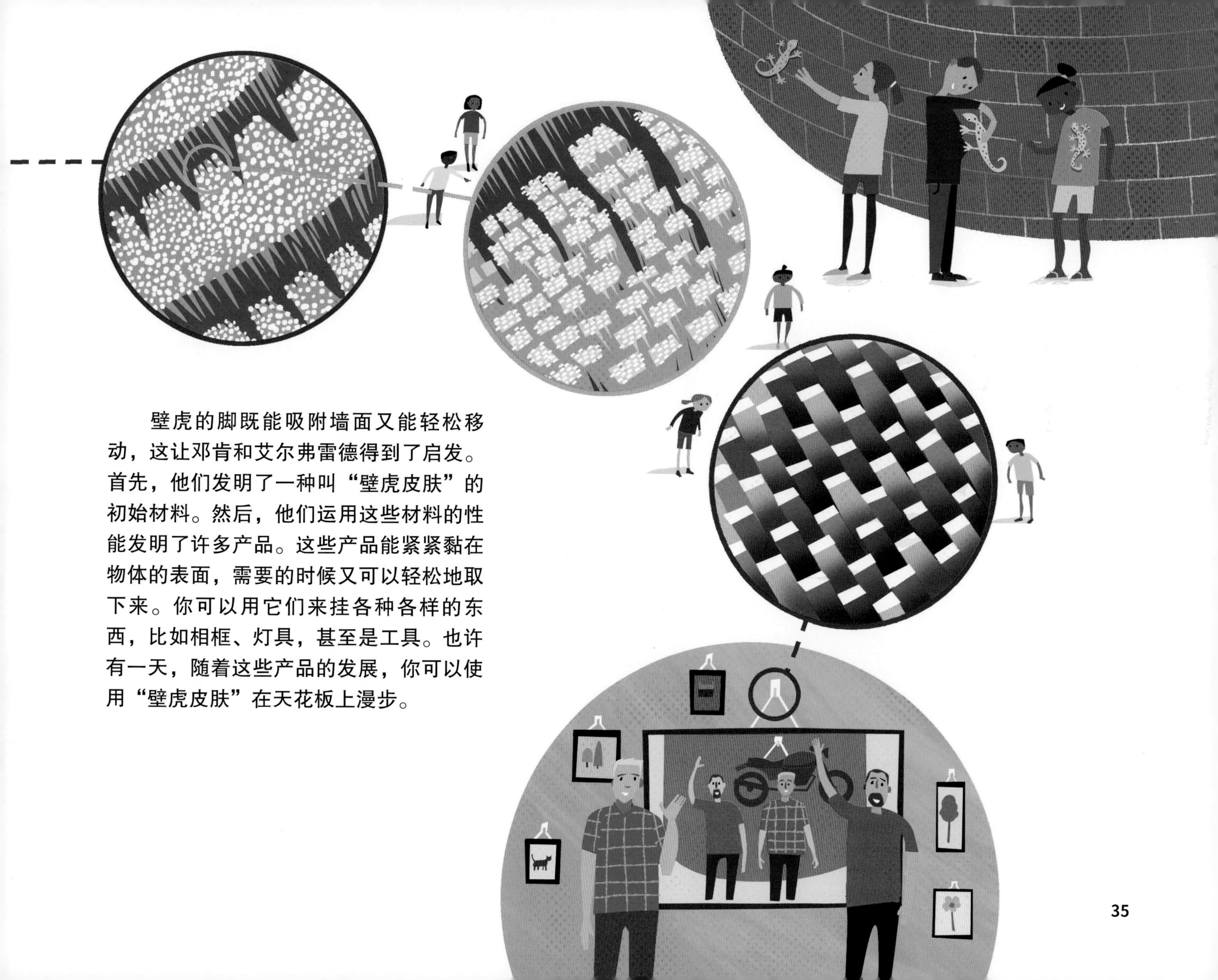

壁虎的脚既能吸附墙面又能轻松移动，这让邓肯和艾尔弗雷德得到了启发。首先，他们发明了一种叫“壁虎皮肤”的初始材料。然后，他们运用这些材料的性能发明了许多产品。这些产品能紧紧黏在物体的表面，需要的时候又可以轻松地取下来。你可以用它们来挂各种各样的东西，比如相框、灯具，甚至是工具。也许有一天，随着这些产品的发展，你可以使用“壁虎皮肤”在天花板上漫步。

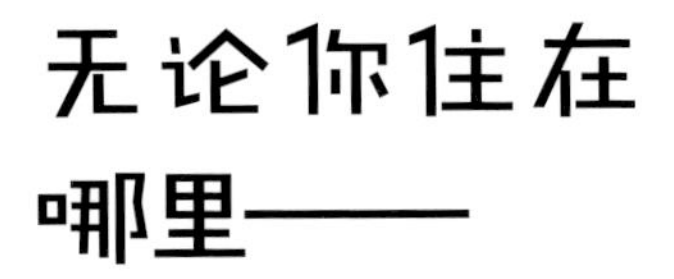

无论你住在
哪里——

在城市、乡村，
或者在海边，这
都不重要。

大自然无穷的奥秘在等着你。

以好奇之心，在充满活力的世界里探索学习。成为仿生发明者，发明更多的新东西。

多认识一下这些仿生发明家吧

不同研究领域的仿生发明家：

- **建筑师** —— 设计建筑物。
- **植物学家** —— 研究植物的科学家。
- **生物学家** —— 研究动物、植物和真菌等生物的科学家。
- **化学工程师** —— 设计安全使用化学品、材料和能源的方法。
- **设计工程师** —— 开发供人们使用的产品。
- **电气工程师** —— 设计和制造电气设备。
- **材料科学工程师** —— 研究金属和陶瓷等材料的性能，并将研究所得用于开发产品。
- **机械工程师** —— 设计和制造发动机和其他机器。
- **微生物学家** —— 研究细菌和藻类等微生物的科学家。
- **动物学家** —— 研究动物的科学家。

安东尼（托尼）· 布伦南博士：研究科学家，佛罗里达大学材料科学和工程系讲席教授，鲨纹科技创始人。

艾尔弗雷德 · 克罗斯比博士：马萨诸塞大学阿默斯特分校高分子科学与工程系教授，“壁虎皮肤”共同发明人。

弗兰克 · 菲什博士：生物学家，西切斯特大学生物学教授，鲸能公司总裁。

金斯利·弗雷金博士：首席研究科学家，洛克希德·马丁公司机器人和智能系统项目负责人。

邓肯·伊尔斯切科博士：综合生物学家以及专攻动物运动的创新者，马萨诸塞大学阿默斯特分校生物系教授，“壁虎皮肤”和3D扫描系统Beastcam的共同发明人。

卢月玲博士：化学工程师，普林斯顿大学安德林格能源和环境中心主任。

中津英治：日本西日本铁路公司技术开发部门前总经理。

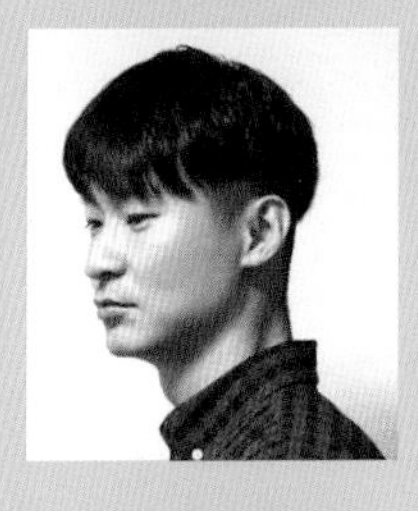

朴基泰：扬科设计公司工业和平面设计师。

雷吉娜·雷德曼博士：遗传学家和分子生物学家；西雅图自适应共生技术公司首席战略官、创始人；共生基因公司总裁。

鲁斯蒂·罗德里格斯博士：微生物学家，共生基因公司创始人兼首席执行官，西雅图自适应共生技术公司首席执行官。

迅速了解仿生学

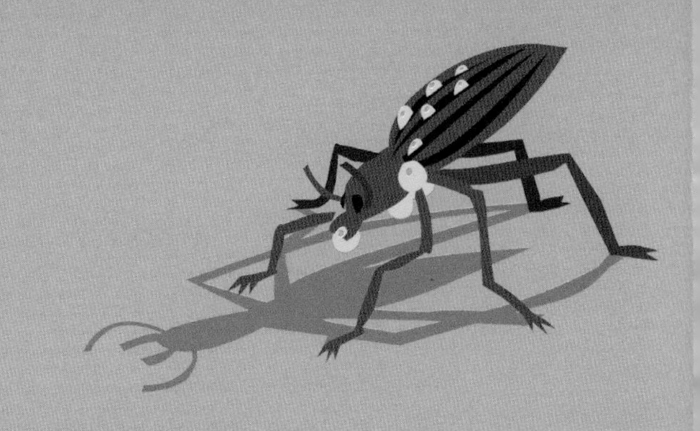

词汇表

冷凝：气体遇冷而变成液体，液体遇冷而凝结。

齿状物：鲨鱼皮肤上形成的微小V形结构。

光合作用：绿色植物利用阳光提供的能量，将二氧化碳和水合成为淀粉等有机物，同时把光能转变为化学能储存在有机物中，并且释放出氧气的过程。

雏形：产品的早期、初始版本。

翼果：果实的一种，有着像纸一样薄的“翅膀”，借着风力把种子散播开来。

刚毛：动物身上的一种小而硬的毛发状物质。

肌腱：动物体内连接肌肉和骨骼的结缔组织。

什么是仿生学?

仿生发明家是在仿生科学领域工作的发明家。“仿”字意为“模仿”，而“生”字意为“生物”。所以“仿生”就是模仿生物特性来解决问题的过程。

科学作家珍妮·本尤斯创造了“仿生”这个词，还为成年人写了一本书，提醒我们大自然可以做我们的老师。生物世界知道如何在阳光下运转，而且不制造垃圾或有害化学物质。所以当人类极力寻找保持空气和水质干净，避免地球变暖的方法时，我们需要走出去，到自然界中去观察，提出问题，并开始在自然界中寻找解决方案。

作者的话

我通过打电话或发送电子邮件的方式，采访了书中的每一个人。与他们这些创新者交谈，既是一种荣誉，也是一种乐趣。这些创新者的发明不仅帮助了人们，也改变了世界。他们慷慨地分享自己的发现，耐心地解释他们的想法，在得知我是老师之后还说了很多友善的话鼓励我。每次采访结束时，我都会让他们给孩子一些建议。你知道他们一遍又一遍地跟我说了什么吗？不要害怕提问，不要害怕失败，不要放弃。对任何年龄的人来说，这些建议都很受用！所以，在奋力保持地球清洁的过程中，无论遇到多大的困难，都不要气馁。有了这些智慧的话语和大自然的指引，一切皆有可能。

如何成为一个仿生发明者

我知道你正在想什么，我会让你做一些事情，以便让你变成一个仿生发明者。可是你没想到，你现在已经是一个仿生发明者了。那要怎么做呢?你觉得你能从大自然中获取知识吗? 大自然能帮助你解决人类世界面临的问题吗? 如果答案是肯定的，那么你正在用一种全新的方式看待生物世界，你已经踏出了第一步。

观察

像仿生发明者一样写日志，把日志带到户外，简单地画下你看到的景物，例如头顶盘旋的鹰、弯曲的草叶、微风中摇摆的树叶，在草图旁写下你想到的相关问题。查看约翰·缪尔·劳的网站，了解更多写日志的方法。

创建

根据你的草图制作一个3D模型。你可以用黏土做树皮，或者用蜡纸做瓢虫的翅膀。当你看着自己制作的模型时，你会想到什么问题? 把问题记在日志上。你可以通过各种方式寻找这些问题的答案，比如向相关的老师或者专家请教，或者上网搜索。你也可以浏览在线数据库——问问自然，了解大自然中关于这些问题的解决方案。

发明

当你有了有趣的发现（我保证你会的）后，根据你的发现发明一些有用的东西。你可以在你的日志上画出来，或者用电脑设计软件画出来。接下来制作你的发明的3D模型，并进行测试，改良你的设计，然后再次进行测试。查看仿生学研究所网站和它们的青年设计挑战赛项目，寻找发明灵感。

工程

将发明彻底转变为工程技术。从研究一种你非常感兴趣的植物或动物入手。你觉得长吻原海豚或猪笼草很奇特吗? 了解它们背后的秘密，去激发你的创造力。

在照片、视频或现实生活中观察它们独特的结构，留意这些结构有什么功能。基于这些功能，你能想象并发明什么? 在日志中勾画你的发明的草图，列出你需要的材料以及需要它们的原因。如果你愿意，可以从我的网站上的想法开始。

解决问题

仿生发明者让世界变得更美好。找一个你关心的问题并尽力解决它。不要顾虑问题看起来太大或太小，最重要的是你想去帮助人类和其他生物共同拥有的地球。从今天开始吧!

有用的资料

写这本书的时候，我采访了很多发明家，读了很多与植物、动物和仿生学相关的书籍，以及发明家发表的一些科学研究文章。下面是我使用过的极为有用的资料：

Benyus, Janine M. *Biomimicry: Innovation Inspired by Nature.* New York: HarperCollins, 1998.

Fish, Frank E., and George V. Lauder. "Passive and Active Flow Control by Swimming Fishes and Mammals." *Annual Review of Fluid Mechanics* 38 (January 2006): 193–224.

Fregene, Kingsley, and Cortney Bolden. "Dynamics and Control of a Biomimetic Single-Wing Nano Air Vehicle." 2010 American Control Conference. June 30–July 2, 2010.

Henschel, Joh R., and Mary K. Seely. "Ecophysiology of Atmospheric Moisture in the Namib Desert." *Atmospheric Research* 87 (March 2008): 362–68.

Kim, Jong Bok, Pilnam Kim, Nicolas C. Pégard, Soong Ju Oh, Cherie R. Kagan, Jason W. Fleischer, Howard Stone, and Yueh-Lin Loo. "Wrinkles and Deep Folds as Photonic Structures in Photovoltaics." *Nature Photonics* 6 (May 2012): 327–32.

King, Daniel R., Michael D. Bartlett, Casey A. Gilman, Duncan J. Irschick, and Alfred J. Crosby. "Creating Gecko-Like Adhesives for 'Real World' Surfaces." *Advanced Materials* 26 (July 2014): 4345–51.

Kirschner, Chelsea M., and Anthony B. Brennan. "Bio-Inspired Antifouling Strategies." *Annual Review of Materials Research* 42 (August 2012): 211–29.

Mashimo, Shinya, Eiji Nakatsu, Toshiyuki Aoki, and Kazuyasu Matsuo. "Attenuation and Distortion of a Compression Wave Propagating in a High-Speed Railway Tunnel." *Transactions of the Japan Society of Mechanical Engineers Part B* 62 (January 1996): 1847–54.

Rodriguez, Rusty, and Regina Redman. "More Than 400 Million Years of Evolution and Some Plants Still Can' t Make It on Their Own: Plant Stress Tolerance via Fungal Symbiosis." *Journal of Experimental Botany* 59 (March 2008): 1109–14.

了解更多

图书

一般参考资料

Explanatorium of Nature (DK, 2017)

Wild Buildings and Bridges: Architecture Inspired by Nature by Etta Kaner, illustrated by Carl Wiens (Kids Can Press, 2018)

动物特征

Creature Features: Twenty-Five Animals Explain Why They Look the Way They Do by Steven Jenkins and Robin Page (HMH Books for Young Readers, 2014)

What If You Had Animal Teeth!? by Sandra Markle, illustrated by Howard McWilliam (Scholastic, 2013), and other books in the What If You Had series

甲虫

A Beetle Is Shy by Dianna Hutts Aston, illustrated by Sylvia Long (Chronicle, 2016)

The Beetle Book by Steve Jenkins (Houghton Mifflin Books for Young Readers, 2012)

鸟类

Bird Watching for Kids: Bite-Sized Learning & Backyard Projects by George H. Harrison (Willow Creek, 2015)

Feathers: Not Just for Flying by Melissa Stewart, illustrated by Sarah S. Brannan (Charlesbridge, 2014)

真菌 / 细菌

Tiny Creatures: The World of Microbes by Nicola Davies, illustrated by Emily Sutton (Candlewick, 2014)

壁虎

Geckos by Katie Marsico (Scholastic, 2013)

树叶

Exploring Leaves by Kristin Sterling (Lerner, 2012)

Trees, Leaves, and Bark by Diane L. Burns, illustrated by Linda Garrow (NorthWord, 1995)

种子

A Seed Is Sleepy by Dianna Hutts Aston, illustrated by Sylvia Long (Chronicle, 2007)

A Seed Is the Start by Melissa Stewart (National Geographic Kids, 2018)

Next Time You See a Maple Seed by Emily Morgan (NSTA Kids, 2014)

鲨鱼

Everything Sharks by Ruth A. Musgrave (National Geographic Kids, 2011)

Sharkopedia: The Complete Guide to Everything Shark by the Discovery Channel (Time Home Entertainment, 2013)

鲸

A Book About Whales by Andrea Antinori (Abrams, 2019)

Whales by Kay de Silva (CreateSpace Independent Publishing, 2015)

图书在版编目（CIP）数据

向自然学习：神奇的仿生学发明 /（美）克里斯汀 • 诺德斯特龙文 ;（英）保罗 • 波士顿图 ; 文娟译 . —广州 : 广州出版社， 2023.4
书名原文:Mimic Makers: Biomimicry Inventors Inspired by Nature
ISBN 978-7-5462-3593-6

Ⅰ. ①向… Ⅱ. ①克… ②保… ③文… Ⅲ. ①仿生－儿童读物 Ⅳ. ①Q811-49

中国国家版本馆 CIP 数据核字（2023）第 032805 号

书　　名 向自然学习：神奇的仿生学发明
Xiang Ziran Xuexi：Shenqi De Fangshengxue Faming

责任编辑 卢嘉茜　伍秀娟　厉颖卿
责任校对 王俊婕
责任技编 刘雁明
封面设计 南牧文化
出版发行 广州出版社
（地址：广州市天河区天润路 87 号广建大厦 9 楼、10 楼　邮政编码：510635　网址：www.gzcbs.com.cn）
印刷单位 东莞市信誉印刷有限公司
（地址：广东省东莞市南城区亨美水濂澎洞工业区 C 区　电话：0769-22400139）
规　　格 889 毫米 ×1194 毫米　1/16
印　　张 3
字　　数 36 千
版　　次 2023 年 4 月第 1 版
印　　次 2023 年 4 月第 1 次
书　　号 ISBN 978-7-5462-3593-6
定　　价 68.00 元
